RÉPLIQUE
DE M. DE BARRAS
A LA
RÉPONSE
DU PERE
DE LA MAUGERAYE,
INSEREE
DANS LES MEMOIRES

POUR L'HISTOIRE DES SCIENCES,

Mars 1728. Article 25.

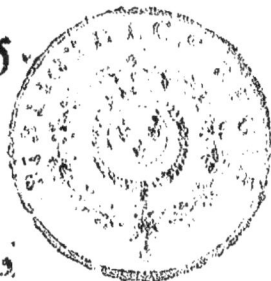

A MARSEILLE,
Chez DOMINIQUE SIBIE' Imp.
du Roy & de la Ville.

———————————————————

Avec Permiſſion. 1728.

V. 508. ajoindre

REPLIQUE DE M. DE BARRAS
à la Réponse du P. de la Maugeraye, inserée dans les Memoires pour l'Histoire des Sciences.

Mars 1728. Article 25.

J'AY lu, mon Reverend Pere, dans les Memoires de Trevoux du mois de Mars dernier, vôtre prétenduë Réponse à ma Lettre sur les Triremes, & j'ay compris que ce que j'y ay dit de vôtre Sistême a dû vous fâcher ; parce qu'il ne doit pas être permis à un Marin, (dont *les lumieres ne passent pas la Sphere de son tems* , & qui n'a pour tout merite qu'une longue experience,) ose combatre les hautes idées d'un

auſſi Sçavant Géométre que vous
l'étes. J'y ay même apris une cho-
ſe que je ne ſçavois pas , c'eſt que
vous avez demeuré dans differens
Ports de mer , & même pluſieurs
années à Breſt , où vous avez , dites-vous , enſeigné les Mathematiques , & donné vôtre aplication
à la Conſtruction des Vaiſſeaux , à
la Manœuvre & aux Evolutions
Navales. Vous faites bien mon R.
P. de m'en avertir , car je ne l'au-
rois pas conclu de vôtre Syſtême.
Mais parlons plus ſerieuſement , il
s'agit des Galeres entre nous ; voulez-vous de bonne foi que je croye
que c'étoit à Breſt qu'il convenoit
de vous en inſtruire , pour pronon-
cer enſuite du ton que vous le faites ? Et n'eſt-ce pas plûtôt en fre-
quentant aſſiduement pendant une
longue ſuite d'années les divers

Chantiers de Conſtruction des Galeres, qu'on peut aprendre l'art de
les conſtruire? N'eſt-ce pas en na-
viguant réellement & faiſant pluſieurs voyages ſur la Mer, qu'on
doit étudier la Science pratique de
la Manœuvre, pour pouvoir ſe flater de connoître la Conſtruction,
& de ſçavoir les Evolutions Navales?

J'ay eu, continuez-vous, *pluſieurs conferences ſur ces matieres avec
le Celebre M. le Chevalier Renau, qui
ne me regardoit pas comme un ignorant,
non plus que les Maîtres Conſtructeurs
du Port, & quelques Officiers qui
m'ont fait l'honneur de me conſulter ſur
de nouvelles manieres de conſtruire.*
Permettez-moy de vous dire mon
R. P. que j'ay eu comme vous avec
M. le Chevalier Renau & avec
un grand nombre d'Officiers de

Marine des conferences fur ces matieres en diverfes occafions , parti-
culierement en deux affez longues
Campagnes que j'ay faites avec ce
celebreMathematicien fur laReale,
où je n'ay jamais entendu pronon-
cer vôtre nom, quoi qu'on ait fouvent parlé de plufieurs de vos Pe-
res Mathematiciens ; & particulie-
rement des R R. P P. Thoubaud
& Hôte , auffi-bien que du R. P.
Laval ; ce dernier, après avoir en-
feigné les Mathematiques pendant
plus de 20. ans à Marfeille, a porté
fur mes Memoires un jugement
bien different du vôtre.

Les Grands Géométres dont je
viens de parler, n'ont eu garde de
donner dans le même travers que
vôtre Reverence , fur laquelle ils
ont pourtant un avantage très-con-
fiderable ; c'eft qu'après avoir fait

comme elle plusieurs Campagnes
sur la tranquille Mer de la Géométrie, ils en ont fait sur les Mers ora-
geuses de l'Ocean & de la Mediter-
ranée. Et d'autres Jesuites Mathematiciens s'étant alternativement
embarquez sur la Galere que j'a-
vois l'honneur de commander,
ont eu assez de sincerité à la premiere Campagne, pour m'avoüer
que toute leur Theorie ne leur a-
voit donné que de très-fausses idées
de la Construction, de la Manœuvre, & de la Navigation des Galeres. Je m'en étois déja aperçu
dans les Sales des Conferences, où
l'on enseigne aux Officiers, la
Manœuvre & le Pilotage ; & où
j'assistois toûjours en qualité d'Ins-
pecteur des Constructions ; je ne
ferai pas façon de vous le dire,
parce que celui dont je vai parler

eft mort depuis très - long - tems ;
j'ay eu dans ces Sales plus d'une fois
occafion d'inftruire moi-même ce
Mathematicien touchant la Manœuvre & le Pilotage ; il eft vrai
qu'un jour, s'étant obftiné à vou-
loir foûtenir l'abfurdité d'une Manœuvre qu'il enfeignoit , il crût é-
bloüir fes Auditeurs par les proprietez des Triangles , il en traça
quelques-uns fur le Tableau avec
fon crayon,ce qui m'obligea à finir
cette conference ; & en le prenant
par le bras , je lui dis , alons mon
R. P. fur la premiere Galere , on y
fera la Manœuvre que vous venez
d'enfeigner , & vous verrez plus
clairement, que par vos Triangles ,
l'erreur où vous êtes. Il n'eut pas
grand peine à la reconnoître , il
ne fe trompoit que dans la fituation
de l'Antenne de Meiftre , dont il

mettoit le *Quart* en haut & la *Pen-
ne* en bas ; il fuppofoit auffi que
l'Ecoute étoit accrochée à *l'Eftrop* du
Gourdin de la Voile , de forte qu'-
un feul coup d'œil renverfa tous les
Triangles , & la pratique triompha
de la Speculation. Une feule Campagne fur les Galeres produiroit le
même effet fur vos Triangles Rectangles, & fur le calcul de la force
que font vos Rames. Je ne vous
dis point ceci comme des chofes
qui me paroiffent propres à *triompher* , mais pour vous faire comprendre , que l'experience dans la
Marine,eft fort au deffus de la Speculation.

Il faut encore vous dire mon R.
P. au fujet de vôtre Réponfe, que
fa lecture a excité deux paffions
differentes dans l'efprit de quelques
Géométres Praticiens, qui ont vou-

B

lu, pour fe divertir, la relire en
ma prefence, l'une defquelles n'a
produit que de grands éclats de rire, & l'autre un air de mépris,
qui m'a fait de la peine par raport
à vous, fur tout, lors qu'après m'a-
voir dit, que vous avez fait beaucoup d'honneur à ma Lettre fur les
Triremes, en la jugeant digne de
vôtre critique ; ils ont ajoûté, qu'-
une feule chofe leur faifoit de la
peine ; c'eft, difoient-ils, que nous
ne trouvons dans cette imperieufe
Réponfe pas un feul mot, pour répondre aux objections faites contre
fon Siftême:On n'y trouve après l'é-
loge que l'Auteur fait d'abord de
lui-même, que de faux reproches,
de mauvaifes critiques, & une faf-
teufe confirmation d'un Siftême
nouvellement imaginé, que les
Gens de la Profeffion ont tous con-

damné, & qu'ils regardent comme impraticable & chimerique. Cette circonstance peu judicieuse, leur a donné lieu de soupçonner, que vous n'étes pas l'Auteur de cette Lettre ; *Non enim qui se ipsum commendat ille probatus est, &c.* On croit que vous avez prêté vôtre nom au Pere Castel, dont on a reconnu le stile. Après avoir continué cette lecture, ils se sont pris à rire comme les autres, en lisant ce trait, qui leur a paru burlesque : *faites-en la dépense, je réponds du succez.* Mais aussi-tôt reprenant leur serieux : Quoi ! ajoûtoient-ils, un nouveau Sistême sur la disposition des Rames dans les Triremes ou Vaisseaux de Guerre des Anciens; un Sistême imaginé par un Speculatif, qui pour toute preuve du droit, qu'il s'attribuë de décider, nous dit, qu'il *travaille à un Cours de Mathematiques, dont presque les deux tiers sont faits, & en particulier le Traité des Machines.* Un Géométre qui n'a jamais vu de Galeres, qui n'a aucune connoissance de leur construction, ni de leur Navigation, qui ignore même les termes de l'Art, & qui n'a des anciennes *Triremes* ou Vaisseaux de Guerre des Anciens, que des idées les plus fausses & les plus absurdes : Un tel Sistême, imaginé par un homme sans experience, encore une fois, ne nous paroît pas possible.

Quoi ! continuoient-ils, la Construction des anciennes *Triremes*, la disposition de leurs Rames, *ce Nœud Gordien*, l'écüeil des Sçavans les plus Celebres, qui au raport du Journaliste, *attend encore*

un nouvel Œdipe. Quoi ! ce Siſtême impenetrable, pourra être imaginé par un Géométre ſans experience ? Je vous avouë, mon R. P.
que la chaleur avec laquelle ils di-
ſoient ces choſes, me faiſoit
craindre qu'ils n'allaſſent trop loin;
& je crûs pouvoir les arrêter, en
leur faiſant remarquer, que ce
nouveau Siſtême, n'a pas laiſſé d'a-
voir ſes Approbateurs, parmi des
Sçavans du premier Ordre, puiſque les Auteurs de l'Hiſtoire Ro-
maine, imprimée depuis peu,
l'ont preferé à tout autre. Mais
cette raiſon n'a ſervi qu'à les échau-
fer d'avantage ; me ſoûtenant,
qu'il n'apartient pas à ces ſortes de
Sçavans d'être Juges dans une matiere, qui eſt toute du reſſort de
l'Experience. Et ils les ont ren-
voyez à ma Lettre critique, ſur

les Triremes, & au jugement u-
nanime de tous les Conftructeurs,
& Marins. Je les ay enfin ramenez
à un état plus tranquille, en leur
donnant à lire l'endroit où vous
croyez remporter la gloire du tri-
omphe, en difant, que *dans vôtre*
Differtation, vous parlez des Vaiffeaux,
& non pas des Galeres. Cette declaration a produit un autre effet ;
elle leur a fait prendre le parti des
Rieurs ; & me donne à prefent
lieu de vous dire, que je ne com-
prens pas comment vous avez pû
imaginer de dire, que les Vaiffeaux de Guerre des Anciens, &
entr'autres celui de Philopator,
ayent été des Bâtimens d'une autre efpece, que ceux que nous a-
pellons aujourd'hui Galeres. Je
croirois volontiers que vous ne
l'avez dit que pour vous divertir,

fi la comparaifon que vous avez faite dans vôtre Diſſertation, du Vaiſſeau de Philopator, avec le Royal-Loüis ne me donnoit pas lieu de ſoupçonner, que vous pourriez bien être effectivement dans cette erreur groſſiere, qui acheveroit de nous prouver dé-monſtrativement, que vous ne connoiſſez ni les Bâtimens anciens, ni les modernes. Et cela ſuppoſé, l'on pourroit bien retorquer contre vous, le faux reproche que vous faites aux Marins; en vous diſant, avec plus de fondement, que *vos connoiſſances ne paſſent pas la Sphere de vôtre Theorie*, qui quelque ſubtile qu'elle ſoit, ne pourra jamais at-teindre à ce qui eſt de Science pra-tique dans la Marine.

Je ne vous ai point *blâmé* dans ma Lettre ſur les Triremes d'avoir dit , *qu'on proportionne le creux d'un Vaisseau à sa hauteur.* Il est évident que vous n'avez fait cette fausse supposition , que pour avoir la présompteuse satisfaction de dire ; *que j'ignore les premiers principes de la Construction , & qu'on est surpris que je les puisse ignorer.* Quoique je puisse peut - être me flater , d'être mieux instruit que vous , de la Construction des Vaisseaux , je n'en ay rien dit dans aucun de mes Memoires , où je n'ay parlé que par occasion , du Royal - Loüis : s'ils voyent jamais le jour , on y trouvera les Plan , Profil & Coupes de ce prodigieux Vaisseau , aussi bien que l'Aspect de son Arriere, qui vous démontreront , qu'on vous a très-mal instruit touchant son élevation au dessus de l'eau , que vous fixez à 40. pieds. Sa hauteur étoit beaucoup plus grande.

Quoique je ne vous aye point reproché, *de n'avoir pas donné dans vôtre Dissertation la Construction d'une Galere* ; Il est évident que vous avez voulu donner celle du Vaisseau de Philopator : or ce Bâtiment étoit un Vaisseau poussé par des Rames, du genre de ceux qu'on apelloit *Triremes*, ou Vaisseaux de Guerre des Anciens, que nous nommons aujourd'hui Vaisseaux de Bas-bord, & communement Galeres, ce qui démontre qu'en voulant imaginer la maniere, dont les Rames du Vaisseau de Philopator étoient disposées, vous avez parlé des Galeres, & non pas des Vaisseaux : *Le raisonnement est démonstratif.*

Je ne pouvois pas déviner le dé-

C

ſi que vous avoient fait en particulier, vos Adverſaires au ſujet de ce fameux Vaiſſeau, ni qu'ils vous euſſent dit, *que ſi vous en pouviez venir à bout, vous auriez fait un eſpece de Miracle.* J'ignorois cette circonſtance, & je liſois dans vôtre Diſſertation, la raillerie que vous aviez faite de cette expreſſion, dont je m'étois ſervi dans ma Lettre imprimée, écrite au R. P. de Languedoc, expreſſion dont il n'eſt pas venu à ma connoiſſance, qu'aucun Auteur ſe ſoit ſervi, non plus que de la maniere dont vous faiſiez parler Zozime, touchant l'oubli de la conſtruction des *Triremes.*

D'ailleurs pour faire un eſpece de Miracle, il ne ſuffit pas, *d'avoir mis dans le Vaiſſeau de Philopator* 4000. *Rameurs*, 3000. *Soldats*,

ni de trouver de la place, pour y met-
tre des vivres pour deux mois. Il faloit encore montrer que le Vaiſſeau
ſeroit propre à naviguer. Je me
ſuis un peu réjoüi au ſujet de cette eſpece de Miracle, ſans avoir aucun deſſein de vous faire nommer
ceux à qui vous en vouliez ; puiſque j'étois perſuadé, que c'étoit à
moi ſeul ; je ne penſois pas non
plus à choquer vôtre Perſonne, qui
m'eſt tout-à-fait inconnuë : mes
vivacitez ne regardent que le Siſtême, qui paroît toûjours plus chimerique aux Marins, malgré la
bonne opinion que vous en avez.

Je vous ai dit, dans ma Lettre
ſur les *Triremes*, que nos Remolas,
ſans être Géométres, ſont fort at-
tentifs à l'égalité de peſanteur de la
partie interieure d'une Rame, avec
la partie exterieure, pour la mettre

en équilibre : mais j'avois ajoûté,
que leur deffein n'étoit pas de les
balancer *au tour de leur point d'appui* :
Vous avez retranché ces dernieres
paroles, dans le reproche que vous
me faites fur cet article, & c'eft
uniquement ce que j'y trouvois à
redire : Car je conviens que quand
les deux parties d'une Rame, font
d'égale pefanteur, il eft aifé de
les balancer fur leur point d'appui ;
mais je vous ai dit que le mouve-
ment des Rames, ne confifte
point, *à les balancer autour de leur*
point d'appui.

En difant que les Géométres,
paffent fouvent fur la diftinction
du Levier en differentes efpeces ;
j'ai prétendu feulement vous faire
remarquer, que cette diftinction
n'eft pas neceffaire ; & je n'ai rien
dit, qui ait dû vous faire penfer,

que cet endroit me paroît propre
à triompher. Je n'ai pas nié non
plus, qu'il ne se trouve *trois cas*
differens dans le Levier. Mais pour
vous donner la satisfaction de dire,
que vous avez fait une réponse à
ma Lettre sur les *Triremes* : Vous
me prêtez bien de choses, ausquel-
les je n'ai point pensé ; vous répondez à vos idées, & vous nous
demontrez, que si vous avez ac-
quis quelque connoissance des
Vaisseaux dans vôtre sejour à Brest,
vous n'en avez aucune des Galeres, ni de tout ce qui leur convient.

Quoique je ne vous aye point
attaqué sur les Machines, sur lesquelles vous m'accusez, *d'avoir*
mal choisi mon Champ de Bataille ; il
paroît par ce seul endroit, que
vous n'avez que de très-absurdes

idées des Galeres , en vous imagi-
nant, que vôtre Traité des Machines , pourra être de quelque utili-
té au maniement de leurs Rames :
mais sans raporter ici ce que j'ai
écrit ailleurs sur ce sujet particulier,
je vous renvoye à ce que j'en ai é-
crit depuis peu , pour répondre à
Mr. Maigret , & je me contente-
rai de vous redire ici , que tout ce
qui s'apelle Machine propre à
donner ou à faciliter les divers
mouvemens des Rames d'une Galere ne sçauroit y parvenir ; l'homme est la seule Machine , qu'on
puisse apliquer aux Rames , pour
en conduire les divers mouvemens.

Je ne me suis pas contenté de
dire , *qu'il n'est pas vrai que les* 400.
Rames que vous placez dans le Vais-
seau de Philopator , ayent deux fois

plus d'effet, qoe cent Rames placées sur une méme ligne, posées à la hauteur & dans la situation où nous les mettons : Mais j'ai dit & je le soûtiens de nouveau, sans avoir besoin de vous donner d'autres preuves, que celle de mon experience, que ces cent Rames, feroient deux & trois fois plus d'effet, que quatre cens dans la situation où vous les placez. Vôtre calcul pourroit paroître vrai à quelques Géométres dans la Speculation; mais il se trouvera toûjours faux dans la Pratique. Vous auriez dû, pour défendre vôtre opinion, communiquer celui que vous dites en avoir fait : La chose en vaut la peine ; nous avons des Géométres, qui connoissent les Galeres, & qui n'ayant aucun interêt à nôtre dispute, n'auroient

pas manqué de vous rendre jus-
tice.

Je pourrois , avec plus de rai-
son , vous dire à mon tour, *que
vous avez mal choisi vôtre Champ de
Bataille* , en m'attaquant sur les
termes des Galeres , & en me re-
petant , que vous ne parlez pas des
nôtres , mais des Vaisseaux des Anciens. Avoüez-le de bonne foy ,
mon R. P. vous aviez , en medi-
tant vôtre Réponse , (s'il est vrai
que vous en soyez l'Auteur,) quelque inquietude secrette , qui ne
vous a pas permis de mesurer toutes vos pensées , ni vos expressions.
Quoi ! en employant les termes de
ramassent & de *ramer* , vous n'avez
pas pretendu parler des Vaisseaux à
Rames des Anciens ? Ces Bâtimens n'étoient - ils donc pas de
l'espece de ceux que nous nom-

mons aujourd'hui Galeres ? Et pou-
vez-vous justifier vos termes par
l'autorité de ceux qui s'en sont
servis, ni par celle des Dictionnai-
res, qui jusqu'à present, n'ont
tous donné que d'absurdes & fausses définitions des termes des Galeres ? Dieu nous preserve que vous
vinssiez jamais faire une Campagne sur ces Bâtimens, appuyé sur
l'autorité des plus celebres Auteurs,
vous ne feriez pas façon, dans un
mauvais tems, de faire comme
eux, *jetter en Mer l'Equipage de
nos Galeres, ou de brûler nos Cal-
fats.*

En parlant du second avantage, que vous attribuez aux Rames
élevées, je n'ai pas dit, comme
vous me le reprochez, *que vous a-
viez été prevenu pour Fabretti* ; mais
que Fabretti vous avoit prevenu, au

D

fujet de cet abfurde avantage : je n'ai point dit , non plus, *que vous euffiez donné cela comme quelque chofe de neuf* ; mais je l'ai uniquement dit dans la vuë de me difpenfer de répondre à cet article , parce que j'avois deja répondu à Fabretti.

Il eft furprenant que vous ayez encore ofé parler de ce fecond & chimerique avantage , il ne faut connoître ni la Mer, ni les Galeres, ni les Vaiffeaux de Guerre des Anciens , pour penfer *que dans un gros tems , on puiffe avec les Rames , des Rangs fuperieurs , empêcher ces Bâtimens de donner contre des Ecüeils, & d'échoüer à terre.* Comment avez-vous pu vous imaginer , qu'on fe ferve des Rames *dans un gros tems ,* ni qu'il foit *poffible de les manier ?* Vous n'ayez , fans doute , navigué

que dans le Port de Breſt, avec
une Mer fort tranquille. Il n'y a
point de meilleure réponſe à vous
faire, ſur ce ſecond avantage,
que celle qu'on peut voir dans
ma Lettre ſur les *Triremes.*

Cet article me fait ſouvenir, que
j'ai oublié de vous faire reparation,
touchant vôtre premier reproche ;
je conviens que je me ſuis trompé,
en diſant, que *vous avez mis dans*
le Vaiſſeau de Philopator, des Rameurs
ſur un Pont élevé de 3 6. *pieds au deſ-*
ſus de l'eau. J'avoüe que le Rang
de vos Rameurs le plus élevé, ne
ſe trouve que 2 9. pieds au deſſus de
l'eau ; mais vous ne retirerez pas
un grand avantage de cet aveu; l'é-
levation du Rang ſuperieur des
Rames, placé 2 9. pieds au deſſus
de l'eau, n'eſt pas plus propre à les
manier, qu'elle la ſeroit à 3 6.

pieds. Comment voulez-vous que cinq Rameurs puissent suffire, pour y manier les plus longues Rames, qui ont 57. pieds de longueur, & des Rames dont la partie interieure, n'a que neuf pieds, tandis que l'exterieure en a 48. Croyez-vous l'avoir démontré, en disant de vos Rames, ce qu'Athenée a dit de celle du Vaisseau de Philopator, *qu'elles étoient faciles à manier, erant remigio faciles.* Par quel obstacle *ne pouvoit-on pas facilement remuer le Vaisseau de Philopator*, vous en avez convenu ; *Plutarque dit formellement que ce n'étoit pas un Vaisseau de service, mais de parade, & qu'il étoit difficile à remuer.* Des Rames qu'on manie avec beaucoup de facilité, doivent remuer un Vaisseau sans peine ; ce qui démontre, que si on manioit facilement vos Rames, elles n'étoient pas dans la situation où vous les mettez : il ne seroit pas possible de faire agir celle des Rangs superieurs, malgré la démonstration de vos Triangles rectangles, à laquelle la Mer, les Rames & les Marins, ne se soûmetront jamais.

J'ai répondu à Fabretti sur le même sujet dans ma Dissertation : cet Auteur place la Rame superieure de son Bâtiment 26. pieds 3. pouces au dessus de la ligne de l'eau, il donne à la Rame superieure 50. pieds de longueur ; sçavoir, 8. pieds & demi à la partie interieure, & 41. pieds & demi à l'exterieure.

Je ne sçai en quel endroit de ma Lettre sur les *Triremes*, je puis avoir dit, *que la reflexion que vous avez faite sur la Bataille Navalle de Cesar & d'Antoine, ne prouve rien contre les deux premiers Siſtêmes* , que vous expliquez ſelon vos idées ; *mais qu'elle détruit le vôtre.* Ce reproche eſt encore une pure imagination ; je n'ai certainement point dit , dans ma Lettre critique ſur les Triremes , ce que vous me faites dire, il eſt vrai qu'après avoir démontré, plus clairement que le jour , que la *Trireme* & les *Biremes* , qu'on voit ſur la Colomne Trajane , n'y ſont pas repreſentées telles qu'on les conſtruiſoit du tems de cet Empereur , puiſque lorſque cette Colomne fut élevée , il y avoit plus de 1 5 0. ans qu'on avoit abandonné l'uſage des *Triremes* ; après avoir prouvé de même , que les paſſages des Auteurs , pris dans leur ſens naturel , ne doivent , & ne peuvent s'entendre d'ordres de Rames élevez les uns au deſſus des autres.

ni avec des Rampes,& que les paſſages de tous les Auteurs qui ont
écrit depuis 17. Siecles , ne parlent
& ne peuvent s'entendre d'aucune
ſorte d'ordres de Rames ; j'ai con-
damné *la reflexion qui vient* , dites-
vous , *naturellement à l'eſprit à l'oc-
caſion des paſſages cy-devant raportez* ,
j'ai ajoûté , *que cette reflexion bien
loin de demontrer la fauſſeté des deux
premiers Siſtêmes , démontre clairement
la chimerique idée de ceux , qui après
un abandon de* 17. *Siécles, veulent reſ-
ſuſciter le chimerique & prétendu Siſtéme des ordres des Rames , élevez l'un
au deſſus de l'autre.* Cela ayant été
prouvé & démontré , c'eſt à tort
que vous m'en demandez la preuve. S'il falloit repeter mes Dé-
monſtrations & mes preuves à tous
mes Adverſaires ; je leur en ai donné de ſi claires & en ſi grand nom-

bre , qu'il faudroit copier de gros Volumes manuscrits , sans rien dire de nouveau. Il n'a tenu qu'à vous de le voir dans mes Memoires Instructifs, Historiques & Critiques , sur les divers ordres des Rames dans les *Triremes*, ou Vaisseaux de Guerre des Anciens , dont le Manuscrit a resté plus d'un an dans le College de Loüis le Grand. Vous pouvez aussi lire ma seconde Réponse à l'imperieuse & ironique Lettre du R. P. de Languedoc , que j'ai refusé de rendre publique , malgré les instances de plusieurs de mes Amis , & même de vos Confreres , pour ne pas lui faire de la peine. J'y ai employé au-delà de ce que vous pouvez attendre de ces preuves que vous affectez de ne pas trouver dans mes Ecrits ; Jugez-en par ce seul article , extrait

de ma seconde Réponse à la Lettre
ironique du Pere Languedoc ; il
rendra cette replique un peu trop
longue ; mais pour se bien expliquer sur un Art peu connu, on
ne peut éviter d'entrer dans un dé-
tail ennuyeux, quoique necessaire.

Sur quel fondement, *lui ai - je
dit*, donnez-vous le nom *d'anciennes Galeres*, à des Bâtimens "
d'une moderne création, par ra- "
port aux anciens Vaisseaux ? Et "
pourquoi voulez-vous faire abs- "
traction de l'idée que nous atta- "
chons à nos Galeres modernes, "
pour donner un nom aux Libur- "
nes, avec lesquelles elles ont une "
si grande conformité ? N'en dé-
plaise au Docteur Universel, qui
n'ayant comme plusieurs Sçavans
sans experience, que de très-fausses idées des anciennes Triremes,

B

auſſi-bien que des Galeres modernes, oſe toutefois deſpotiquement
décider, que *mon Siſtéme eſt contraire à ce que les Auteurs de l'Antiquité
nous en diſent.* Il n'a pas même pris
garde, me dit-il, *que ſon Trireme eſt
un vrai Liburne ou peu s'en faut.* Cette abſurde expreſſion, ne ſuffit-el-
le pas toute ſeule, pour démontrer
ſa profonde capacité ſur cette matiere ? *Il ſe trouveroit fort embarraſſé,*
continuë nôtre Docteur, *ſi on lui
demandoit, je ne dis pas un Vaiſſeau
à dix Rangs de Rames, mais un
Quinquereme ſelon ſon principe.* J'a-
vouë que je ne ſerai jamais embarraſſé à conſtruire un Bâtiment chimerique ; mon principe ne ſçau-
roit produire des Fantômes, ni des
Monſtres ; je ſuis convaincu qu'il
n'y a jamais eu de Bâtimens ſem-
blables à ceux qu'il me demande,

mais selon mon principe , je n'au
rois aucune peine à faire construire
des Bâtimens avec deux , trois ,
quatre , cinq & dix ordres de degrez de Rameurs.

Cet Oracle de la verité s'écrie
ensuite sans reflexion & sans jugement; *n'auroit-il pas lu Plutarque ?*
cet Auteur dit , que les Atheniens fu-
rent les premiers qui firent des Galeres
à peu près comme les nôtres. Ne di-
roit-on pas que Plutarque connois-
soit , il y a environ deux mille ans ,
la methode dont on construit aujourd'hui les Galeres? *Cela se trouve,*
ajoûte-t'il , *dans la Vie de Cimon ;*
ce qui me fait comprendre la pensée du Docteur Universel , mais il
s'est mal expliqué d'ailleurs : Ces
200. Galeres , que *Themistocles fit*
élargir, en faisant sur chacune avec
des planches un Pont qui debordoit des

deux côtez , *&c.* Ce groſſier chan-
gement , eſt-il ſuffiſant pour faire
dire à mon Critique , & non pas
à Plutarque, que *les Atheniens fu-*
rent les premiers qui firent des Galeres
à peu près comme les nôtres Si cet O-
racle de la verité , n'avoit pas cou-
ru la poſte en liſant les Anciens , il
auroit apris que les Habitans de Liburnie furent les premiers qui firent des Galeres à peu près comme
les nôtres ; mais ces habiles Conſtructeurs rangerent toutes leurs
Rames ſur une même ligne de
Poupe à Prouë , ils mirent deux ,
trois , quatre , cinq Rangs ou dé-
grez de Rameurs à chaque Rame ,
mais ils ne s'aviſerent jamais d'é-
lever aucun Rang de Rames au
deſſus du premier : ces Galeres
étoient ſi legeres & ſi propres à tour-
ner & à manier , avec une extrême

agilité , qu'elles procurerent à Au-
gufte la Victoire de la Bataille Ac-
tiaque : Ce fuccez fit abandonner
les *Triremes* anciennes de quelque
maniere que fuffent rangez leurs
ordres des Rames.

Les Habitans de Liburnie furent
auffi les premiers , qui établirent
un principe fondamental , fur lequel ils conftruifirent leurs Galeres,
ils perfectionnerent la Situation &
l'Inclinaifon des Rames à leur
point d'appui : On conftruit encore aujourd'hui les Galeres fur ce
premier principe , qu'on a perfec-
tionné de nos jours ; auffi-bien que
la Situation , l'Inclinaifon des Rames , & en general toutes les proportions & Regles neceffaires à la
Conftruction d'une Galere.

Vitruve nous a apris ce premier
principe *Ex inter - Scalmio invenitur*

Symmetriæ Navis ratiocinatio, passage que tous les Sçavans sans experience n'ont pu comprendre, comme je l'ai démontré en divers endroits de mes Memoires, particu-
lierement dans celui de la Descrip-
tion des Rames d'une Galere moderne.

Excusez mon R. P. cette digres-
sion, n'ayant point dessein de faire réponse à mon Critique, parce que j'ignore le langage des Ha-
rangeres, dont il s'est servi dans sa
Preface du troisiéme Tome de Polybe ; j'ai profité de cette occasion
pour donner quelque signe de vie,
& pour montrer, que tant qu'un
honnête homme à l'épée au côté
& la plume à la main, il n'est jamais *hors d'état de se défendre*, quoi
qu'en dise l'Oracle moderne de la
verité, le Docteur unique & Uni-

verfel de l'Art Militaire, Terreſtre
& Naval, ce furieux Guerrier, qui
n'ayant jamais commandé une
Troupe de cent hommes, entaſſe
Volumes ſur Volumes, pour mé-
dire des Vivans & des Morts, quoi
qu'il doive la plus grande partie de
ce qu'il ſçait aux Generaux, ſous
les ordres deſquels il a eu l'honneur
de ſervir d'Ayde de Camp. Je re-
viens à mon ſujet.

Je diſois au R. P. de Languedoc, que nos Galeres ont une grande conformité avec les *Liburnes*,
qu'il ne falloit point faire d'abſtrac-
tion de l'idée que nous attachons à
nos Galeres pour donner un nom
aux *Liburnes*. Je crois, lui avois-
je dit, que cette erreur a deux ſour-
ces principales; la premiere con-
ſiſte à confondre tous les .tems,
en donnant un même ſens aux paſ-

„ fages des Auteurs de tous les Siè-
„ cles. La feconde vient de la pré-
„ vention aveugle, & prefque gene-
„ rale où l'on eft touchant les divers
„ ordres de Rames, foit qu'ils fuf-
„ fent élevez par étages, ou placez
„ fur la longueur du Vaiffeau de Pou-
„ pe à Prouë, foit qu'ils fuffent ifo-
„ lez. Vôtre idée auffi-bien que cel-
„ le de tous les Sçavans, qui man-
„ quent de Pratique, eft tellement
„ remplie d'ordres de Rames, que
„ vous ne penfez qu'à trouver un
„ fens, qui leur foit favorable, dans
„ les paffages des Auteurs de tous les
„ Siécles; vous confondez les tems
„ les plus reculez, avec les plus mo-
„ dernes, fans faire aucune attention
„ à la petiteffe & à la groffiere forme
„ des premiers Vaiffeaux, au lent
„ & imparfait progrez de leur Conf-
„ truction, aux divers changemens

qui font arrivez de Siécle en Siécle "
au regard de la fituation desRames, "
de leur nombre , de celui des Ra- "
meurs , & dans toute la Conftruc- "
tion vous êtes tous fi fort préocu- "
pez , que vous voulez , *in ogni mo-* "
do , trouver par tout des ordres de "
Rames élevez par étages contre "
toute évidence , ce dont vous con- "
venez vous - même , dans vôtre "
Differtation , ainfi que je vous le "
ferai remarquer , après avoir fini "
ce que j'ai encore à dire fur le paf- "
fage de Vegece.   "

Defaites-vous mon R. P. je vous "
en fuplie , pour un moment , de la "
prevention où vous êtes fur les or- "
dres des Rames ; relifez à tête re- "
pofée , le feul paffage de Vegece ; "
confrontez vôtre explication avec "
la mienne ; je m'affure que vous "
conviendrez que , ne s'agiffant "

E

,, point d'ordres de Rames, puisqu'-
,, ils étoient abolis depuis long-tems,
,, on ne peut entendre par *remigum*
,, *gradus*, aussi-bien que par *remo-*
,, *rum ordines*, que des Rangs, des
,, Ordres, ou degrez de Rameurs,
,, placez sur une Rame, en descen-
,, dant du Courcié à la Bande, *à Ca-*
,, *tastromate ad foros Navis*, & des Fi-
,, les de Rameurs, considerez sur la
,, longueur du Bâtiment de Poupe à
,, Prouë.

,,   Les Liburnes dont parle Vegece,
,, n'avoient certainement aucun ra-
,, port avéc les anciennes Galeres ;
,, mais on peut inferer du passage de
,, cet Auteur, que ceux qui, long-
,, tems avant lui, ont employé les
,, termes de *Ordines* & de *Gradus Re-*
,, *morum*, n'ont voulu désigner que
,, des Rangs, des Ordres, ou dé-
,, grez de Rameurs ; tous ces ter-

mes étoient Sinonimes , & les "
anciens Auteurs n'ont point eu vô- "
tre idée. "

Ce feul paffage de Vegece fuffit "
donc , pour démontrer non-feule- "
ment qu'il n'a point voulu parler "
d'Ordres de Rames , puifqu'ils é- "
toient abolis de fon tems , & qu'- "
on ne peut entendre par *Ordines* "
Remorum, que des Ordres, desRangs "
ou degrez de Rameurs , mais en- "
core que les *Biremes* , *Triremes* , "
Quadriremes , *&c.* prenoient alors "
leurs noms du nombre des Ra- "
meurs mis fur chaque Rame. "

Je me flate mon R. P. que vous "
conviendrez à prefent, qu'il n'eft "
pas fi évident que vous l'avez dit , "
Que Vegece faifant abftraction du "
nombre des Rameurs , attachez à "
chaque Rame , n'entend par le mot "
Remigum *que ce qu'il avoit enten-* "

„ *du auparavant par celui de* Remorum.
„ *Comme il n'y a point de Rame sans Ra-*
„ *meur , il lui étoit indifferent de se ser-*
„ *vir du mot* Remigum , *qui ne pou-*
„ *voit plus faire d'équivoque , &c.*

„ Vous démontrez par ces paro-
„ les , qu'il n'est pas indifferent pour
„ vous , que Vegece se soit servi de
„ l'un ou de l'autre de ces deux ter-
„ mes , puisque vous leur donnez
„ une explication visiblement con-
„ traire à l'idée de cet Auteur , &
„ que vous faites vous-même l'équi-
„ voque , en donnant au mot *Remo-*
„ *rum* un sens different de celui de
„ *Remigum* ; quoique Vegece n'ait
„ voulu ni pû désigner , par ces
„ deux termes , que des Ra-
„ meurs , puisqu'il ne s'agissoit plus
„ alors d'Ordres de Rames. Pardon-
„ nez-moy je vous prie cette repeti-
„ tion ; j'ai crû devoir vous la remet-

tre ici devant les yeux, crainte de "
ne m'être pas affez clairement ex- "
pliqué dans mes premieres re- "
marques. "

Je dois, avant de paffer ou- "
tre, executer ce que je vous ai ci- "
devant promis, touchant l'ufage "
& la pratique de tous les Siécles , "
dont j'ai dit que vous convenez "
vous-même dans vôtre Differta- "
tion; c'eft en répondant à ceux qui "
difent , *qu'on pourroit s'en tenir pour* "
les Galeres mediocres à l'Hypothefe des "
Etages differens , & chercher quel- "
qu'autre maniere d'expliquer la Struc- "
ture de ces Machines monftrucufes , à "
quarante & à cinquante Rangs ... En "
effet , leur répondez - vous, pour "
être convaincu que les anciens Auteurs "
n'ont fuppofé aucune difference dans la "
maniere dont fe doivent expliquer ces "
Rangs , par raport aux plus petits & "

„ *aux plus grands Vaiſſeaux ; il n'y a*
„ *qu'à faire reflexion aux noms qu'ils*
„ *donnent à tous ces Bâtimens, ſoit qu'ils*
„ *les déſignent par un ſeul mot , ſoit qu'*
„ *ils uſent pour cela de Periphraſe , de*
„ *même qu'ils ont dit ,* Biremis , Tri-
„ remis , *ils ont dit* novem-Remis ,
„ decem-Remis , undeci-Remis, &c.
„ *De même qu'ils ont dit que les grands*
„ *Bâtimens étoient de vingt , de trente ,*
„ *de quarante Rangs ; ils ont dit que*
„ *les plus petits étoient d'un , de deux ,*
„ *& de trois Rangs.*

„ Après avoir fait ce raiſonne-
„ ment auſſi judicieux que ſolide ,
„ vous n'aviez plus qu'un pas à faire,
„ pour vous mettre au fait , & pour
„ vous délivrer une fois pour toutes
„ de la chimerique opinion des di-
„ vers ordres de Rames : le ſeul paſ-
„ ſage de Vegece , bien expliqué &
„ entendu dans ſon ſens propre &

naturel, vous eut été d'un plus "
grand fecours, & vous auriez pû "
en tirer cette démonftration. "

Les anciens Auteurs n'ont fup- "
pofé aucune difference dans la ma- "
niere dont fe doivent expliquer les "
Rangs par raport aux plus petits & "
aux plus grands Vaiffeaux, ils ont "
dit que les grands Bâtimens étoient "
de vingt, de trente, de quaran- "
te Rangs, & que les petits étoient "
d'un, de deux, & de trois Rangs : "
On ne peut donc prendre ces "
Rangs pour des Ordres de Rames, "
puifque Vegece & tous ceux qui "
ont écrit, depuis l'abandon de ces "
pretendus Ordres, ont employé, "
dans la defcription des Galeres, les "
mêmes termes dont les Anciens "
s'étoient fervis : On doit au con- "
traire conclurre que ceux-cy n'ont "
pretendu défigner, par ces mêmes "

,, termes que des Rangs, Ordres, ou
,, degrez de Rameurs, & non pas
,, des Ordres de Rames : De même
,, qu'ils ont dit *Ordines Remorum*, ils
,, ont dit *Ordines Remigum*, dans des
,, tems qu'il ne s'agiſſoit point d'Or-
,, dres de Rames. Donc Vegece n'a
,, pû entendre par *Ordines Remorum*
,, que ce qu'il entendoit par *Ordines*
,, *Remigum*, c'eſt-à-dire, des Ordres
,, de Rameurs. Donc les termes *Re-*
,, *morum* & *Remigum*, ont été éga-
,, lement employez par les Anciens,
,, pour déſigner des *Rameurs*, & non
,, pas des *Rames*. Donc par *Ordines*
,, *Remorum*, il faut entendre des
,, Ordres de Rameurs, ce qui détruit
,, ſans replique les pretendus Ordres
,, de Rames élevez par étages.

Voilà, mon R. P. à quoi abou-
tiſſent vos reproches ſupoſez : Il
n'eſt pas neceſſaire d'être un grand

Géométre, ni d'avoir 50. ans d'experience dans la Conſtruction & la
Navigation des Galeres , pour voir
plus clair que le jour , que vous n'a-
vez répondu à aucune de mes preuves. Il paroîtra *à tout homme de bon*
ſens , que mon *Arrêt*,ou ma *Senten-*
ce , comme il vous plaira de la
nommer , reſte appuyé ſur un
grand nombre de preuves que vous
n'avez oſé attaquer , que par des
reproches ſans fondement. Il ne
me reſte à preſent qu'à répondre
à vos objections.

Vous dites dabord , *que mon Siſ-*
tème eſt contraire aux Auteurs anciens.
Pour en juger ſainement, il faudroit les entendre , afin de pouvoir donner à leurs paſſages un
ſens naturel , & propre à mettre en
pratique. Or j'ai démontré en divers endroits, que vous ne leur

G

avez donné auſſi-bien que les plus
Celebres Sçavans, qu'un ſens forcé & contraire aux principes de
l'Art & à la pratique de la Navigation : *Cela étant ainſi, quelle con-*
cluſion faut-il tirer de la hardieſſe
avec laquelle vous oſez dire, *que*
mon Siſtéme eſt contraire aux anciens
Auteurs ? La ſeule explication du
ſens que j'ai donné au paſſage de
Vegece, L. 5. C. 7. celle de ceux
de Pauſanias, de Memnon , & de
Polybe, ſont auſſi clairs & auſſi
deciſifs que celui de Vegece. Je les
ai expliquez dans mes remarques
imprimées ſur la Diſſertation des
Triremes ou Vaiſſeaux de Guerre,
par le R. P. de Languedoc. Il n'eſt
pas poſſible de penſer, qu'il ne
vous ait pas fait part de ces remarques. Or ſi vous les avez luës, de
quel front oſez vous me dire, que

*mon Siſtême eſt contraire aux anciens
Auteurs ?* Ces feules explications auroient dû vous délivrer de l'idée
chimerique des Ordres de Rames ,
élevez par étages ; & elles vous auroient ouvert les yeux , ſi vous n'é-
tiez pas aveugle ſur cette matiere.
Avez-vous expliqué un ſeul paſſage des Anciens , avec autant d'évidence , & de ſolidité ? Mes Adverſaires en ont-ils cité quelqu'un ,
qui , expliqué dans ſon ſens propre & naturel , ne s'accorde parfai-
tement avec mon Siſtême ?

J'ay démontré au R. P. Catrou ,
qu'il n'avoit pas compris le ſens de
ces paroles de Virgile , Liv. 5. *Tunc
loca ſorte legunt.* Il en a convenu de
bonne foy. Sans eſperer la même
docilité de V. R. Je veux lui démontrer , qu'elle n'a pas compris
le veritable ſens d'un autre paſſage

de Virgile, cité dans le Journal
de Trevoux, Octobre 1722. art.
107. p. 1775. pour prouver *que les*
Rameurs logeoient fur leurs Bancs.
C'eft Virgile, dites-vous , *qui nous*
l'aprend, *Livre* 5.

. . . . . placidâ laxarunt membra
      quiete
Sub Remis, fufi per dura fedilia
Nautæ.

En effet , continuez - vous , *fi*
dans nos Galeres les Rameurs logent
fur leurs bancs , fous une toile qui leur
fert de toit. Dans le *Vaiffeau de Philo-*
pator, où *les Rameurs étoient couverts*
d'un plancher, ils pouvoient plus faci-
lement coucher fur leurs bancs.

Je ne m'arrête point à cette
fubtile, pour ne pas dire puerile cir-
conftance , *que les Rameurs étant*

couverts d'un plancher, dans le Vaiſ-
ſeau de Philopator, ils pouvoient plus
facilement coucher ſur leurs bancs que
dans nos Galeres, ſous une toile qui
leur ſert de toit.

La fauſſe idée que vous avez des
Bancs d'une Galere, ne vous a pas
permis de vous bien expliquer ſur
ce ſujet, & cette fauſſe idée vous
a forcé de faire dire à Virgile, ce
qu'il ne dit certainement point.
Vous confondez le Banc, ou le
Siége ſur lequel ſont aſſis les Rameurs lorſqu'ils voguent, avec l'eſpace ou l'intervalle qu'il y a d'un
Banc à l'autre, qu'on apelle auſſi
Banc. Les Siéges des Rameurs que
les Anciens ont nommé *Tranſtra*,
& que nous apellons Bancs, n'ont
jamais eu plus de ſix pouces de lar-
ge, mais l'intervalle d'un Banc à
l'autre, a aujourd'hui trois pieds

six pouces dix lignes de largeur, le premier est élevé au dessus de la Couverte, c'est-à-dire, du Pont où sont les Rameurs & les Rames ; le second est un peu plus bas. Il est évident, *que les Rameurs ne peuvent loger sur le Banc ou Siége élevé*, mais dans le Banc, c'est-à-dire, dans l'intervalle qu'il y a d'un Banc à l'autre, & sur la *Banquete* ; ce qui a fait dire à Virgile *Sub Remis*, *per dura Sedilia*, & non pas *sur les Bancs*, comme vous le dites ; je veux bien croire que vous avez entendu dans les Bancs ; vous vous êtes mal expliqué ; vôtre expression prepare des tortures aux Saumaises futurs, que les Sçavans, sans experience, citeront à nos arriere Neveux pour leur prouver, que dans nos Galeres *les Rameurs étoient logez sur leurs Bancs* : Un homme de la Profes-

fion, qui n'aura pour tout fçavoir
que celui de fon experience, foû-
tiendra inutilement, que les Rameurs étoient logez dans le Banc,
& non pas fur le Banc ; on ne le
croira point, & on lui dira que fon
fentiment eft contraire aux Anciens. Il en eft à peu près de même de tous les paffages desAnciens
fur cette matiere, dont les Sçavans
ne comprenent point le fens, faute d'experience ; de forte qu'il ne
faut pas être furpris, s'ils leur donnent une explication forcée, &
qui paroît vifiblement abfurde &
fauffe à tous les Marins, ainfi que
je l'ai démontré, plus clair que le
jour, dans mes Memoires.

Après avoir démontré qu'on ne
peut pas dire que *dans nos Galeres,*
les Rameurs logent fur leurs Bancs ; il
faut vous prouver, par vos propres

paroles, que vous n'avez qu'une
très-fauſſe idée de nos Bancs. Voi-
ci comme vous vous expliquez
dans le même Article, cité ci-de-
vant, Page 1777.

*Pollux dit qu'on mettoit des Paſſa-
gers ſous les Bancs des Rameurs, &
nous avons montré comment dans le
Vaiſſeau de Philopator, on pouvoit y
en loger plus de ſix cens : mais en diſ-
poſant les Bancs des Rameurs comme
dans les Galeres, il ſeroit impoſſible
de trouver de la place pour loger un
Chat ſous les Bancs des Rameurs : Il ne
faut que voir une Galere pour en être
convaincu, & ce ſeul point ſuffiroit
pour montrer, que les Bancs des Rameurs, étoient élevez les uns au deſſus des autres, comme nous le ſuppo-
ſons.*

Voilà une de vos pretenduës dé-
monſtrations, qui n'eſt certaine-

ment pas Géométrique ; c'eſt auſſi un de ces endroits qui m'ont
fait dire , que vous prenez un ton
de Maitre , qui fait juger aux Marins , que vous ne meritez pas le
nom d'Ecolier ſur cette matiere.
Ce n'eſt pas certainement en vo-
yant une Galere , *que vous vous étes*
convaincu , qu'il eſt impoſſible de trou-
ver de la place pour loger un Chat dans
les Bancs des Rameurs ; à moins que
vous ne l'ayez vuë , comme la
plûpart des perſonnes , qui n'ayant
jamais vu des Galeres , y entrent
pour ſatisfaire leur curioſité ; & a-
près avoir fait un tour ſur le Courcié de Poupe à Prouë , en ſortent
auſſi peu inſtruits de l'interieur d'u-
ne Galere , qu'ils l'étoient avant
l'avoir vuë. Si vous aviez prié un
Officier de faire ſortir d'un ſeul
Banc tout ce qu'on y met , vous

H

auriez vu qu'on en auroit tiré cinq
à six gros Barrils d'eau , dont cha-
cun contient 27. à 28. Pots , ces
Barrils font placez directement fous
le Banc ou Siége fur lequel les Rameurs font affis en voguant ; vous
auriez vu dans le même Banc la
plus groffe partie du genoux de la
Rame , une Pedagne , une contre-
Pedagne , une Banquete , une partie d'une groffe piece de bois apel-
lée *Corde* , qui regne d'un Joug à
l'autre , la Potence du Banc , la
Contre-Potence , &c. Un gros &
gras Mouton du côté de la Roujeo-
le , une vingtaine de Sarmens, (ce
font de petits fagots , faits de Bran-
ches de la Vigne , qu'on coupe
toutes les années ,) une ou deux
vieilles Poules-d'inde , cinq ou fix
Forçats avec leur Brancade , & toutes leurs Robes , Pintes , Gameles ,

Boyols, sept ou huit gros Capots
d'herbage, &c. Une partie d'une
grosse piece d'Antenne de rechan-
ge, qu'on met couchée de Poupe
à Prouë, à la Bande sous le bout
des Bancs; vous auriez pû aussi dans
quelques-uns voir des Chats, des
Chiens ou des Singes. Je l'ai dit en
quelque endroit de mes Memoires;
si l'on assembloit dans une grande
Plaine, tout ce qu'on met dans une
Galere, armée pour deux mois de
Campagne, les Sçavans même du
premier Ordre, croiroient qu'on
leur en impose, & parmi les Gens
de la Profession, on trouveroit des
incredules.

Le Lecteur équitable, sans avoir
aucune experience, pourra, après
avoir lû ce petit detail, juger de vôtre capacité touchant ce qui regar-
de les Galeres, & conclurre que

puis que vous connoissez si peu, ce que c'est qu'un Banc qui n'en est qu'une des moindres parties, & une de celles dont il ne faut avoir que des yeux pour la connoître ; il pourra, dis-je, conclurre, que vous ne pouvez avoir que de très-fausses idées de la disposition des Rames, de leur situation, de leur inclinaison, de leurs divers mouvemens, & de toutes les qualitez que doit avoir une Galere pour être propre à naviguer.

Si vous eussiez bien compris la pensée de Pollux, qui a dit, qu'on mettoit des Passagers sous les Bancs des Rameurs, vous auriez suprimé tout ce que vous avez écrit au regard des bancs de nos Galeres ; pour moi qui ne suis point Géométre, & qui n'ai pour tout talent que cette longue experience pour

laquelle vous avez tant de mépris,
je crois que Pollux a voulu dire
qu'on mettoit les Paſſagers ſous le
Pont des bancs des Rameurs ; eſpace qui devoit avoir une grande capacité, par raport à la grandeur
énorme du Vaiſſeau de Philopator;
eſpace aſſez vaſte pour y élever divers Ponts, le premier pour y mettre des paſſagers, & les autres pour
y placer commodement les vivres,
& tout l'attirail de ce ſuperbe Vaiſſeau. Je ne crois pourtant pas que
cet eſpace fut auſſi grand que vous
le ſuppoſez, en diſant que, *le
creux du Vaiſſeau de Philopator devoit
être plus que quadruple de celui du So-
leil-Royal.* Ce Vaiſſeau ayant eu 23.
pieds de creux, il s'enſuivroit que
celui de Philopator en auroit dû
avoir plus de cent. Doit-on être
ſurpris que j'aye regardé cette idée

comme une idée extraordinaire & chimerique, & que les gens de ma Profeſſion ayent affirmé que ce Siſtême étoit de tous les Siſtêmes le plus chimerique ? Eſt-ce cette declaration qui vous a fâché, juſques à trouver mauvais que je vous aye dit, en badinant, (& non reproché avec mépris comme vous le ſuppoſez,) que vous étes un Auteur nourri de Géométrie & d'Algebre, & que vous avez navigué ſur la vaſte Mer des Infiniment petits ? Il eſt bien des Sçavans qui ne rebuteroient pas cet éloge, il ſemble même que tout fâché que vous étes, vous ne laiſſez pas de vous en applaudir, puiſque vous m'invitez d'y faire une Campagne, prétendant que j'en retirerai plus d'avantage pour former un Siſtême ſur les Vaiſſeaux des Anciens, que je *n'en*

ay retiré de mes 50. *années de services*
sur les Galeres. Quoi que l'invita-
tion soit assez grotesque, je ne lais-
serois pas de vous en être en quelque maniere obligé, si je trouvois
autre chose que de la chimere &
de l'absurdité dans vôtre Sistême,
qui est le fruit d'une telle Campagne, & qui est si oposée à la Science pratique, à la vraisemblance,
& j'ose le dire aux veritables principes de Méchanique. Mais re-
venons.

Je n'ai point lu, mon R. P. dans
Athenée tout ce que vous lui faites
dire, parce que je n'entends pas assez le Grec; de sorte que j'ai été
obligé de faire le dessein du Vaisseau de Philopator, d'après la tra-
duction latine, raportée par Bayf,
sur l'autorité de Plutarque. Cet
Auteur dit que, *pour donner un équi-*

libre à la partie interieure des Rames ,
& pour les rendre plus faciles à manier,
on avoit laiſſé cette partie plus épaiſſe de
bois , & on y avoit mis du plomb. Mais
il ne fait point dire à Athenée, que
la partie interieure de la Rame étoit plus
courte que l'exterieure , puiſqu'il faloit
armer de plomb la partie interieure. Je
n'ignore pourtant pas , que cette
partie ne fût plus courte que l'exterieure dans les *Triremes* des Anciens,
de même qu'elle l'eſt dans les Galeres modernes; mais j'ai cru que dans
les Bâtimens d'une grandeur prodi-
gieuſe , telle qu'étoit celle du Vaiſſeau de Philopator ; on n'a pas pû
ſuivre , avec tant de précifion , l'u-
ſage établi par la Conſtruction des
Triremes. J'ai pourtant donné à la
partie exterieure d'une Rame un
peu plus de longueur qu'à l'interieure ; il eſt vrai que cela n'a pas

été éxecuté dans le deffein de la Coupe des *Thranites* de ce fameux Vaiffeau , & j'avouë que ce feul article paroit propre à vous faire triompher ; la contradiction feroit convaincante , fi l'on ne trouvoit dans mon deffein même une démonftration fans replique , je veux dire dans le Plan du Vaiffeau de Philopator. Prenez la peine d'y jetter les yeux; vous verrez que la partie interieure d'une Rame , n'a & ne peut avoir que vingt-fix pieds de longueur ; par confequent la partie exterieure doit être de trente-un pieds , la Rame des *Thranites* ayant en tout cinquante-fept pieds de longueur. Donc la partie exterieure eft plus longue que l'interieure.

Seconde démonftration. Ce Bâtiment , au raport d'Athenée avoit

I

57. pieds de largeur : J'ai donné ,
comme on vient de le voir , 24.
pieds à la partie interieure qu'occu-
pent les Rameurs , & deux pieds ,
le long des bords du Vaiſſeau, pour
ſervir de paſſage de Poupe à Prouë,
ce ſont 26. pieds de chaque coté ,
& par conſequent les deux parties
interieures de chaque Rame, occu-
pent enſemble 52. pieds ſur toute
la largeur du Vaiſſeau. Ajoûtez
cinq pieds pour la largeur du paſſage appellé *Cataſtroma* , qui ſepare
ces deux parties , vous aurez 57.
pieds, & vous reconnoîtrez que j'ai
déterminé préciſement la longueur
des Rames des Thranites, & la largeur de ce fameux Vaiſſeau. Ces
deux calculs ſont démonſtratifs.

Heureuſement mon Deſſina-
teur , n'a rien changé au Plan de
mon Original , il eſt vrai qu'il n'a

pas eu la même exactitude pour la Coupe des *Thranites* ; cette faute grossiere prouve son erreur , mais elle ne peut pas servir à démontrer que mon Syftême *eft contraire à Athenée & aux anciens Auteurs , ni qu'il renferme aucune contradiction.* Ce Deffinateur temeraire , s'eft imaginé qu'il fuffifoit de reprefen- ter une Rame de 57. pieds de lon- gueur , fans penfer à fa proportion interieure , totalement contraire à celle du Plan , où l'on voit que la partie interieure de la Rame des *Thranites* , ne peut avoir que 24. pieds de longueur , & elle n'en a pas d'avantage dans la Coupe de mon Original , dont vous trouve- rez le deffein à la fin de cette Re- plique.

Je pourrois vous dire comment cela eft arrivé , mais je ne pretens

point excufer mon Deffinateur ;
il me doit fuffire de vous avoir
prouvé, que fa faute ne peut faire
aucun tort à mon Syftême ; l'Original de ma Coupe des Thranites,
mon Plan, & cet éclairciffement,
doivent fuffire aux Lecteurs les plus
prévenus, pour les convaincre que
l'erreur du Deffinateur, ne peut
faire condamner mon Syftême.
Ne m'étant aperçu de cette erreur
que lorfqu'il n'étoit plus tems d'y
remedier, je crus avec raifon que
le Plan, qui doit être regardé comme la principale piece, fupléeroit à
l'erreur de la Coupe. J'avouë pourtant que j'ai eu tort, d'avoir changé
l'explication de mon ancienne
Coupe, pour la concilier avec la
nouvelle, parce que je m'étois flaté,
ou qu'on n'y prendroit pas garde,
ou que mon Plan y fupléeroit.

On me dira, fans doute, qu'il n'eft pas poffible de placer vingt Rameurs dans l'efpace de 24.pieds: je réponds que la Speculation en cela, ne s'accorde point avec la pratique, puifque je vois tous les jours dans nos Galeres, fix Rameurs affis fur un Banc qui n'a que fept pieds de long ; d'où je conclus qu'il feroit facile, de mettre vingt Rameurs fur un Banc de 24. pieds de longueur.

Si c'eft là, me répondez-vous enfuite, *le fens des Anciens Auteurs, les Uniremes n'auront qu'un Rameur fur les deux Rames, qui fe répondront, un demi Rameur fur chaque Rame : les Triremes n'auront qu'un Rameur & demi fur chaque Rame ; les Quinqueremes deux Rameurs & demi fur chaque Rame : Peut-on dire que ce foit là le fens des Anciens Auteurs ? & peut-*

on leur attribuer une telle abfurdité ?
Peut-on partager un Rameur en deux ?

En formant cette fade & puerile
objection, vous avez crû fans doute imiter le grand Scaliger, qui,
faute de pratique, n'avoit fur la
difpofition des Rames dans les Galeres des Anciens, que des idées
fauffes & ridicules, qui lui firent
faire dans fa Remarque 1230.
des objections pour le moins auffi
pueriles. J'en ai parlé dans la premiere Partie de mes Memoires, fur
les divers ordres de Rames dans les
Galeres des Anciens. Mais je fuis
rebuté de me copier ; je me borne
donc ici à vous répondre ; non certainement, mon R. P. non, *on ne*
peut attribuer aux Anciens l'abfurdité
fur laquelle vous formez une auffi
puerile objection,& que vôtre fub-
tilité vous a fait imaginer ; pour

m'en faire une raillerie, qui n'eſt digne que des Auteurs modernes, prévenus de la fauſſe idée des Rangs de Rames élevez les uns au deſſus des autres, dont les Anciens n'ont jamais eu aucune idée ; à quoi n'a pas peu contribué l'erreur où vous êtes de vous imaginer que les anciens Auteurs *ont déterminé le Rang des Rames de la même maniere, par raport à tous les Vaiſſeaux.* Ils n'ont pas même toûjours déterminé de la même maniere le nombre des Rameurs. Ordinairement ils n'ont conſideré, que le nombre des Rameurs mis à une ſeule Rame d'un ſeul coté du Bâtiment ; mais les Auteurs qui ont écrit depuis l'abandon des Triremes, c'eſt-à-dire, depuis dix-ſept Siécles, n'ont pas tous ſuivi cette methode. Un même Auteur a donné le nom de

Quinquereme aux mêmes Bâtimens, auſquels il avoit d'abord donné celui de *Decere* , par raport au Rang de dix Rameurs, qu'une *Quinquereme* avoit ſur toute la largeur. D'autres ont donné le nom de *Decere* à un Vaiſſeau qui avoit cent Rames de chaque coté , parce que dix fois dix font cent. Ayez , je vous prie, recours à ce que j'ai dit ſur ce ſujet au R. P. de Languedoc dans ma Réponſe à ſa Lettre ironique , & tachez de mieux expliquer les paſſages des anciens Auteurs , qui ont écrit ſur ce qui fait le ſujet de nôtre diſpute ; tachez d'en découvrir le veritable ſens, & vous ne me reprocherez plus avec ſi peu de fondement, & tant de confiance, *que mon Siſtême eſt contre les anciens Auteurs.* Ne comptez pas tant ſur vôtre profonde Géométrie ; les

Triangles Rectangles sont ici hors
d'œuvre, aussi bien que le faux calcul touchant la force que feroient
vos 400. Rames. C'est une étran-
ge temerité d'écrire & de decider
sur une matiere, dont faute de con-
noissances pratiques de l'Art, on
ne peut se former que de fausses
& absurdes idées au jugement des
Constructeurs, des Marins & de
toutes les Personnes de la Profession, parmi lesquels ils se trouve
aussi des Géométres.

Pour pouvoir juger des Arts, il
faut en être instruit, & pour se
perfectionner dans un Art, il faut le
pratiquer long-tems. Quand vous
auriez enseigné, à un homme qui
voudroit être Peintre, tous vos pré-
ceptes, & toutes les proprietez de
vos Triangles Rectangles ; quand
vous lui auriez apris toute vôtre

K

Géométrie , s'il ne prend le Pinceau à la main , s'il ne pratique long-tems cet Art, jamais il ne l'aprendra. Parmi tous les Arts il n'y en a aucun , qui demande plus de pratique, que ceux de la Conftruction & de la Navigation des Galeres ; fi vous euffiez joint une longue experience à vôtre profonde Theorie , il eft certain que vous auriez pû faire des miracles.

Vous trouverez peut-être , mon R. P. que je replique à vôtre Réponfe avec beaucoup de vivacité : j'avouë que la retenuë qu'infpire la politeffe , fur tout à l'égard des Perfonnes que l'on eftime, a fon merite ; mais elle peut être quelquefois mal employée , quand il s'agit de répondre à un Auteur qui n'en fçait faire aucun ufage. Je fuprime par confideration pour la

Robe que vous portez un paſſage du Sage, qui autoriſe ma Replique. Quand un homme de vôtre Caractere ſort des bornes de ſon état, & qu'il écrit avec autant de préſomption & de mépris que vous le faites, la docilité ſeroit une foibleſſe & une lâcheté, qui ne convient point à un homme de Guerre. Vous ne pouvez vous autoriſer ſur la vivacité que j'ai fait paroître dans ma Lettre Critique ſur les *Triremes* ; tout mon feu ne regardoit que les Siſtêmes que je refutois ; j'ai témoigné en plus d'un endroit de cette Lettre, la conſideration & le reſpect que j'avois pour la Perſonne de mes Adverſaires, & en General pour la Compagnie de J E S U S, dont ils ſont Membres, & à laquelle j'ai l'honneur d'être afilié.

EXPLICATION

DE L'ORIGINAL DE LA COUPE

DES THRANITES

du Vaisseau de Philopator.

A B C D. **C**oupe des *Thra-nites.*

A B. Largeur du Vaisseau 57. pieds.

C A Hauteur depuis la Quille jusqu'au dessus d'une piece marquée E qu'on nommoit *Acrosto-lium* 79. pieds & demi.

F G Traverses ou Bancas-ses qui separent le Fond de Cale destiné pour le Lest, du lieu où l'on tenoit les vivres. Ces

Traverſes ſont placées 10. pieds & demi au deſſus de la Quille.

H I   Pont qui couvre le lieu où l'on tient les vivres, 12. pieds au deſſus des Traverſes du Fond de Cale.

L M   Pont à niveau de la ligne de l'eau, 10. pieds plus haut que celui des vivres. C'eſt ſous ce Pont que l'on mettoit tous les apparaux du Vaiſſeau.

a b d   Lieu où l'on plaçoit les Paſſagers du Vaiſ-ſeau, directement au deſſous des Bancs des *Thranites*.

N O   Eſpaces pour les Bancs des *Thranites* dix pieds

au deſſus de la ligne de l'eau.

P Q   Pont qui couvre les *Thranites* quinze pieds plus haut.

R. S   Eſpaces pour la Poupe & pour l'Eſpale, élevez 22. pieds au deſſus du Pont des *Thranites.*

T   Cataſtroma, aujourd'hui Courcié, cinq pieds de largeur.

TN TO   Partie interieure de la Rame des *Thranites* 26. pieds.

NV OV   Partie exterieure de la même Rame 31. pieds.

T V   Longueur d'une Rame des *Thranites*, 57. pieds

c Paſſage à côté des Ra-
meurs pratiqué ſur les
bords du Vaiſſeau, pour
aller de Poupe à Prouë,
2. pieds.

Le Graveur de cette Coupe,
n'a pas ſuivi avec préciſion les
proportions de l'Original ; on
peut s'en rapporter à celles qui
ſont determinées par ſon Explication.

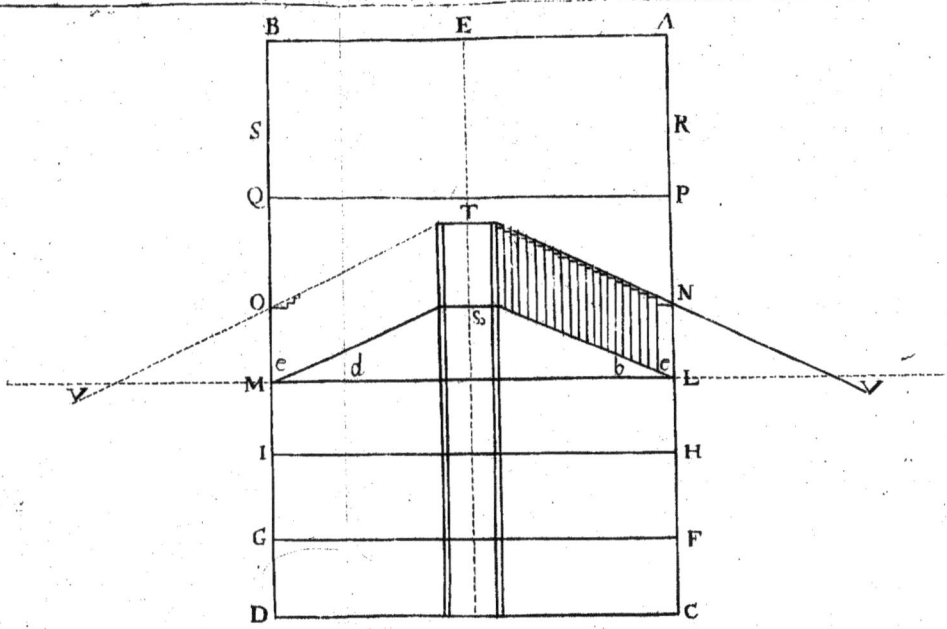

Original de la Coupe de l'ordre des Thranites
du Vaisseau de Philopator

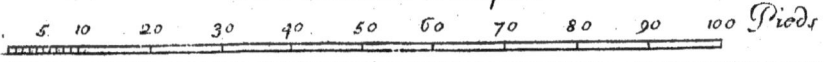

5 10   20   30   40   50   60   70   80   90   100 Pieds